图解家装细部设计系列

Diagram to domestic outfit detail design

天花吊顶666例

Suspended ceiling

主 编：董 君 / 副主编：贾 刚 王 琰 卢海华

中国林业出版社

目录 / Contents

对称＼简约＼朴素＼大气＼庄重＼雅致＼恢弘＼壮丽＼华贵＼高大＼对比＼清雅＼含蓄＼端庄＼对称＼简约＼朴素＼大气＼对称＼简约＼朴素＼大气＼庄重＼雅致＼恢弘＼壮丽＼华贵＼高大＼对比＼清雅＼含蓄＼端庄＼对称＼简约＼朴素＼大气＼端庄对称＼简约＼朴素＼大气＼庄重＼雅致＼恢弘＼壮丽＼华贵＼高大＼对比＼清雅＼含蓄＼端庄＼对称＼简约＼朴素＼大气＼对称＼简约＼朴素＼大气＼庄重＼雅致＼恢弘＼壮丽＼华贵＼高大＼对比＼清雅＼含蓄＼端庄＼对称＼简约＼朴素＼大气＼对称＼简约＼朴素＼大气＼庄重＼雅致＼恢弘＼壮丽＼华贵＼高大＼对比＼清雅＼含蓄＼端庄＼对称＼简约＼朴素＼大气＼对称＼简约＼朴素＼大气＼庄重＼雅致＼恢弘＼壮丽＼华贵＼高大＼对比＼清雅＼含蓄＼端庄＼对称＼简约＼朴素＼大气＼端庄对称＼简约＼朴素＼大气＼庄重＼雅致＼恢弘＼壮丽＼华贵＼高大＼对比＼清雅＼含蓄＼端庄＼对称＼简约＼朴素＼大气＼对称＼简约＼朴素＼大气＼庄重＼雅致＼恢弘＼壮丽＼华贵＼高大＼对比＼清雅＼含蓄＼端庄＼对称＼简约＼朴素＼大气＼对称＼简约＼朴素＼大气＼庄重＼雅致＼恢弘＼壮丽＼华贵＼高大＼对比＼清雅＼含蓄＼端庄＼对称＼简约＼朴素＼大气＼端庄对称＼简约＼朴素＼大气＼庄重＼雅致＼恢弘＼壮丽＼华贵＼高大＼对比＼清雅＼含蓄＼端庄＼对称＼简约＼朴素＼大气＼对称＼简约＼朴素＼大气＼庄重＼雅致＼恢弘＼壮丽＼华贵＼高大＼对比＼清雅＼含蓄＼端庄＼对称＼简约＼朴素＼大气＼对称＼简约＼朴素＼大气＼庄重＼雅致＼恢弘＼壮丽＼华贵＼高大＼对比＼清雅＼含蓄＼端庄＼对称＼简约＼朴素＼大气＼端庄对称＼简约＼朴素＼大气＼庄重＼雅致＼恢弘＼壮丽＼华贵＼高大＼对比＼清雅＼含蓄＼端庄＼对称＼简约＼朴素＼大气＼对称＼简约＼朴素＼大气＼庄重＼雅致＼恢弘＼壮丽＼华贵＼高大＼对比＼清雅＼含蓄＼端庄＼对称＼简约＼朴素＼大气＼恢弘＼壮丽＼华贵＼高大＼对比＼清雅＼含蓄＼端庄＼对称＼简约＼朴素＼大气＼恢弘＼壮丽＼华贵＼高大＼对比＼清雅＼含蓄＼端庄＼对称＼庄重

CHINESE
中式典雅

　　雕花、隔扇、镂空是传统的中式风格的装饰物，白色或米黄色的墙面是中式装修墙面的主要色调，怀旧与情调的搭配、天然与淳朴是中式背景墙的魅力所在，让人在繁华与喧闹中找到心灵的安静。

以中式木边框修饰房顶使空间风格形成整体气象。

吊灯的金边框与方框顶灯形成简单时尚的水平层次。

银灰色反光顶为中式空间带入时尚质感。

方格石膏顶均匀地加深了空间的立体感。

吊顶内的光带使光线于空间中更饱满柔和。

层次感丰富的石膏墙更有一种天然的穿透感。

顶上的木边框与室内木格栅等形成呼应补充。

铺在天花板上的中式边框将东方禅意悄然释放。

中式房顶结构与原木扣板使其既传统又清新。

原木条拼接房顶吹出浓郁的自然质朴的气息。

木框架与顶灯细节相称，凸显方正的中国风。

红底素花石膏柱使房顶成为空间最浓重喜庆的一笔。

酷炫灵动的集成顶是简单空间最个性的存在。

一圈小灯与灯笼顶灯内外呼应营造和谐温暖的中式意境。

几何体网格带将新中式韵味输入简约风天花板。

深色吊顶边框与楼梯扶手对应使空间更具整体感。

刷白的房顶在周围吊顶的反衬下更显高阔敞亮。

暖木吊顶使玄关笼罩在和谐自然的氛围中。

祥云图样吊灯体现出现代与传统相融的智慧。

粗壮的木梁房顶为时尚家居带入淳朴天然的气息。

静谧舒适的用餐环境，一门之隔就是园林美景。

木质色有着自然的亲和力，既不会太显沉闷，又有着高雅的格调。

地下室红酒区，采用了中西结合的方式来展开。

顶部以黑钢勾边，优雅又不失灵动，为餐厅营造了时尚精致的用餐氛围。

深色木轮廓使每个顶格轮廓更清晰气质更古典。

对称的金属框边使极简的房顶也有了设计感与质感。

盛放于顶的荷花图渲染出充满朝气活力的自然气氛。

淡绿色素雅天花以清新气质中和了富贵中正的软装。

相错的吊顶与光源一起打造明暗对比的时尚空间。

充满设计感的灯架结构将创意美融入现代生活。

以大方格分隔房顶使压抑的空间得到另类的释放。

简约的房顶描以黑边消除了一白到底的单调。

时尚吊灯上的仿真绿植营造自然浪漫的休闲氛围。

配以黄色光源的祥云图案透出富贵大气的皇家风范。

环绕着中式图样的吊顶低调而细致地透出古风韵。

创意石膏顶结构与斑驳光影相互辉映尽展艺术张力。

编筐式集成顶营造自然和谐而惬意静谧的空间氛围。

艳丽的传统图案铺满房顶集合出浓厚的文化底蕴。

淡粉色条纹壁纸包裹下的一体墙顶使床铺区温馨甜美。

顶格里的淡金黄色使房顶也有了奢华高档的气派。

墨绿色反光中式顶板于跳跃的时尚色中透出和谐之气。

斜房顶不仅释放了空间还为艺术品提供了展示区。

木格架将暖暖的感觉带入高阔的屋顶空间。

琴键般的原木等距排列奏出最自然美好的旋律。

微景观的巧妙带入于生活细节中释放大自然的魅力。

金边轮廓与暖黄光线的坚柔搭配呈现温暖贵气的质感。

黑色木格栅作顶使区域内庄重沉稳的画风统一完整。

顶部以中式框边修饰为玄关增添宁静安稳的传统韵味。

实木梁与木背景、木桌呼应，营造出浑厚的自然感。

中式屋顶结构的运用使室内充斥古典传统的东方风韵。

竖插入房顶的成排黑木板诠释时尚的同时也释放压抑。

大面积光源集成顶打造朦胧浪漫的现代感。

边缘一排小灯烘托了背景墙古风古韵的意境。

紧凑精致的暗花纹理使屋顶也有了雅致的艺术魅力。

木质房顶的暖与大理石地板的冷碰撞出温和时尚的空间感。

复杂的木结构深顶将自然气质演绎出另类的高雅。

房顶高饱和度色彩搭配加强了道教文化的释放张力。

实木格栅顶装呼应实木餐桌打造高雅温馨的用餐氛围。

自顶垂落的黑色条带群使高顶空间充实而灵动。

颇具质感与纹理感的金铜色房顶是空间最大亮点。

中式吊顶的留白部分使深色空间得到合理释放。

简欧风格的立体石膏顶使房顶优雅而独具层次感。

聚集的闪光灯构建利落干脆的时尚主义上层空间。

弧面三角形木格栅房顶使现代与传统结构完美融合。

横向木栏栅房顶与竖向木栏栅椅背相互补充构成整体。

以黑色木质房顶搭红色木梁彰显庄重威严的中式气派。

银色纹理搭配金属分割线打造光彩流转的现代天花。

暖黄色吊顶将温暖又活泼的性格带入空间。

裸灯泡与中式格栅成排呼应营造古色古香的传统意境。

立体方格集成顶呈现出有型有序的时尚效果。

角落处特意打造的传统结构激活了整个吊顶的中式风格。

银色内凹的金属框边像巨大的画框为房顶创造艺术氛围。

实木框架以自然的气质凸显并修饰了独特的房顶结构。

传统木结构屋顶与中式软装组合打造古朴自然的空间。

相似的吊顶结构与顶灯使不同区域既分化又统一。

浅棕色天花板使时尚的结构与纹理透出温润的绅士风。

石膏顶上的圈圈与餐桌呼应和谐而简约。

吊灯上的金边花朵兼具田园风情与奢华贵气。

立体石膏顶规整有序的结构与墙面、桌椅相得益彰。

格栅式石膏顶保留了原始高度又削弱了不饱满感。

浅色原木板紧密挨靠释放浓郁的质朴生活味道。

深色木质扣板带来浑厚拙朴的温暖气息。

略旧且略带绿色的木板天花既古朴自然又灵动活泼。

蜂巢式天花结构搭银色反光材质是时尚与天然的完美融合。

细密的木色纹理为自然风天花加入细腻的质感。

金属边线与嵌套结构使天花板具备了独特的时尚张力。

自墙面延伸至顶的大幅荷花图将古典自然美充斥空间。

中式传统情调因顶上木格架的添入而更浓郁。

中式木格栅天花使人抬头便感受到满满的传统风韵。

吊顶中透出的黄色光晕营造唯美温馨的卧室氛围。

顶上深色简花的绽放透出优雅迷人的艺术气息。

银色纹理修饰的石膏线为房顶添入典雅的质感。

深黄色圆底自深井般石膏吊顶中探出似温暖的太阳般。

不规则三角形石膏顶结构奠定了简约时尚的硬装基础。

米字木格架天花将英伦风尚混入自然气质中。

板条式石膏顶突破花样设计凸显自然简约的魅力。

黑白色搭灯笼以反传统的方式彰显新中式的魅力。

金色钢板与多形态玻璃石吊灯打造璀璨梦幻的宇宙星空。

多形态鸟笼式吊灯与简欧石膏顶混搭出时尚优雅的调调。

流畅光滑的轮廓使吊顶充满现代化的质感。

自扇形留空中窥见三角顶制造充满几何趣味的层次感。

发光的祥云镂空凸显了和谐吉祥的中国传统风韵。

欧式顶格栅在暖光源的烘托下透出浪漫清雅的格调。

四块组合吊顶间的空隙凸显分化又吸引的时尚设计。

简易的米白色木结构吊顶透出简单舒适的生活格调。

方形内凹结构使内嵌灯洒在地板上的光线更集中。

倾斜的木质房顶制造惬意自然的生活情调。

流动 \ 华丽 \ 浪漫 \ 精美 \ 豪华 \ 富丽 \ 动感 \ 轻快 \ 曲线 \ 典雅 \ 亲切 \ 流
动 \ 华丽 \ 浪漫 \ 精美 \ 豪华 \ 富丽 \ 动感 \ 轻快 \ 曲线 \ 典雅 \ 亲切 \ 清秀

EUROPEAN
欧式奢华

优雅 \ 品质 \ 圆润 \ 高贵 \ 温馨 \ 流动 \ 华丽
浪漫 \ 精美 \ 豪华 \ 富丽 \ 动感 \ 轻快 \ 曲线 \ 典雅 \ 亲切 \ 流动 \ 华丽 \ 浪
漫 \ 精美 \ 豪华 \ 富丽 \ 动感 \ 轻快 \ 曲线 \ 典雅 \ 亲切 \ 清秀 \ 柔美 \ 精湛
\ 雕刻 \ 装饰 \ 镶嵌 \ 优雅 \ 品质 \ 圆润 \ 高贵 \ 温馨 \ 流动 \ 华丽 \ 浪漫 \ 精
美 \ 豪华 \ 富丽 \ 动感 \ 轻快 \ 曲线 \ 典雅 \ 亲切 \ 流动 \ 华丽 \ 浪漫 \ 精美 \ 豪
华 \ 富丽 \ 动感 \ 轻快 \ 曲线 \ 典雅 \ 亲切 \ 清秀 \ 柔美 \ 精湛 \ 雕刻 \ 装饰 \ 镶
嵌 \ 优雅 \ 品质 \ 圆润 \ 高贵 \ 温馨 \ 流动 \ 华丽 \ 浪漫 \ 精美 \ 豪华 \ 富丽
\ 动感 \ 轻快 \ 曲线 \ 典雅 \ 亲切 \ 流动 \ 华丽 \ 浪漫 \ 精美 \ 豪华 \ 富丽 \ 动
感 \ 轻快 \ 曲线 \ 典雅 \ 亲切 \ 清秀 \ 柔美 \ 精湛 \ 雕刻 \ 装饰 \ 镶嵌 \ 优雅
\ 品质 \ 圆润 \ 高贵 \ 温馨 \ 流动 \ 华丽 \ 浪漫 \ 精美 \ 豪华 \ 富丽 \ 动感 \ 轻
快 \ 曲线 \ 典雅 \ 亲切 \ 流动 \ 华丽 \ 浪漫 \ 精美 \ 豪华 \ 富丽 \ 动感 \ 轻快
\ 曲线 \ 典雅 \ 亲切 \ 清秀 \ 柔美 \ 精湛 \ 雕刻 \ 装饰 \ 镶嵌 \ 优雅 \ 品质 \ 圆
润 \ 高贵 \ 温馨 \ 流动 \ 华丽 \ 浪漫 \ 精美 \ 豪华 \ 富丽 \ 动感 \ 轻快 \ 曲线 \ 典
雅 \ 亲切 \ 流动 \ 华丽 \ 浪漫 \ 精美 \ 豪华 \ 富丽 \ 动感 \ 轻快 \ 曲线 \ 典雅
\ 亲切 \ 清秀 \ 柔美 \ 精湛 \ 雕刻 \ 装饰 \ 镶嵌 \ 优雅 \ 品质 \ 圆润 \ 高贵 \ 温
馨 \ 流动 \ 华丽 \ 浪漫 \ 精美 \ 豪华 \ 富丽 \ 动感 \ 轻快 \ 曲线 \ 典雅 \ 亲切
\ 流动 \ 华丽 \ 浪漫 \ 精美 \ 豪华 \ 富丽 \ 动感 \ 轻快 \ 曲线 \ 典雅 \ 亲切 \ 清
秀 \ 柔美 \ 精湛 \ 雕刻 \ 装饰 \ 镶嵌 \ 优雅 \ 品质 \ 圆润 \ 高贵 \ 温馨 \ 流动
\ 华丽 \ 浪漫 \ 精美 \ 豪华 \ 富丽 \ 动感 \ 轻快 \ 曲线 \ 典雅 \ 亲切 \ 流动 \ 华
丽 \ 浪漫 \ 精美 \ 豪华 \ 富丽 \ 动感 \ 轻快 \ 曲线 \ 典雅 \ 亲切 \ 清秀 \ 柔美
\ 精湛 \ 雕刻 \ 装饰 \ 镶嵌 \ 优雅 \ 品质 \ 圆润 \ 高贵 \ 温馨 \ 华丽 \ 浪漫 \ 精
美 \ 豪华 \ 富丽 \ 动感 \ 轻快 \ 曲线 \ 典雅 \ 亲切 \ 流动 \ 华丽 \ 浪漫 \ 精美
\ 豪华 \ 富丽 \ 动感 \ 轻快 \ 曲线 \ 典雅 \ 亲切 \ 清秀 \ 柔美 \ 精湛 \ 雕刻 \ 装
饰 \ 镶嵌 \ 优雅 \ 品质 \ 圆润 \ 高贵 \ 温馨 \ 流动 \ 华丽 \ 浪漫 \ 精美 \ 豪华

EUROPEAN
欧式奢华

精美古典的油画、金属光泽的壁纸、繁复婉转的脚线，繁复典雅，华丽而复古，坐在家里也能感受高贵的宫廷氛围，在水晶吊灯的映衬下，更加亮丽夺目，昭示着现代人对奢华生活的追求。

形态各异的透明花瓶灯罩以个性姿态阐述纯净的精致。

大理石与石膏线融合的房顶彰显欧式宏伟端庄的气派。

简约的吊顶更加烘托出水晶灯的华美与贵气。

内层石膏顶上的花纹在光线下若隐若现演绎欧式浪漫。

镜面吊顶以时尚手法打造双倍的奢华空间。

白色光带使简欧吊顶优雅干净的风格更加凸显。

八角形石膏图案兼具灵动的现代感与复古的神秘感。

深槽顶搭铁艺烛台吊灯散发浓郁的古老生活气息。

立体圆周石膏顶将光芒聚拢璀璨夺目似梦幻光景。

大型花球状簇灯打造星际空间般壮美的顶层空间。

契合梯形房顶的深木色房梁将深木色空间链接成一体。

房顶的浅木色区舒缓沉闷而深木色梁架提供支撑感。

朦胧的昏黄光晕使大理石顶的气质温润舒缓起来。

黑白搭的菱形石膏顶与地板形成图案与色搭上的呼应。

精巧的欧式顶灯座将精致典雅的艺术美凝聚释放。

大理石的华贵质感与伞灯的优雅搭配出高冷静美的调调。

石膏立体集成顶中和了华丽吊灯的垂坠感。

多层次多结构的铁艺吊灯使高阔的空间充斥艺术魅力。

黑白边线相接的菱形纹石膏顶凸显个性又经典的时尚品味。

棕色雅致花纹顶与旧铜架水晶灯相互辉映融为一体。

方格石膏顶简单干净，与自然生动的绿植形成舒适搭配。

图案与线条的混搭打造梦幻浪漫的天花板。

立体的菱形纹石膏顶将几何美与空间美相结合。

浅黄色顶灯光芒与暖黄色光带以内外交相辉映。

房顶与墙面上的黑线框同时表达了极简的时尚主题。

环绕的棕黄色木扣板纹理凌乱粗糙，带来更真实的自然感。

房顶中间大片的留白使轻快活泼的空间氛围得以扩散。

蜂巢式石膏顶以自然美点缀了简约明亮的欧式风格。

四瓣小花图案为房顶添入可爱甜美的气质。

暖黄色灯带为欧式吊顶描出温暖迷人的轮廓。

长长的水晶吊灯以华贵高雅的气势充盈了整个上层空间。

木格栅长扣板为房顶带来自然舒畅的透气感。

水晶灯上红、黑色的点缀凸显了灵动俏皮的时尚个性。

水晶灯冰柱般的独特造型是向大自然的鬼斧神工致敬。

饱满精致的巨型水晶灯自带强大的奢华气势。

金色质感吊顶与华美水晶灯共同打造宫殿般的气派房顶。

缺角长方形与椭圆吊顶相间排列在华丽气派中添入灵动。

机械造型的石膏顶搭科技感十足的灯像是未来的机关。

圆形内嵌空间凸显了华贵的顶灯亦减少了其垂坠感。

在略宽的顶间隔中纹上简约的花纹使房顶气质升级。

球状花簇般的顶灯散发耀眼、浪漫与迷人的光芒。

冰激凌般的吊灯轮廓使房顶充满童趣。

粗木方格房顶为清新舒适的空间补充入温暖复古的格调。

简约的黑色边线将时尚现代的元素带入欧式房顶。

石膏顶像孤岛一样集中展示着欧式风格的简约与优雅。

多层次水晶大吊灯使房顶成为了绚丽壮观的空间焦点。

交错着的石膏梁使房顶空间有了规整而大气的充实感。

高凸的白色木质房顶兼具自然朴实与简约优雅的气质。

中心的深色与四周的亮光形成强烈的明暗对比。

房顶上的菱形格与大理石菱形纹形成高低内外呼应。

包裹着吊灯的圆形空间在充分光线下显得温馨而浪漫。

婉转流畅的线条包裹着水晶灯使房顶像银河一样醉人心神。

欧式集成顶演绎出优雅线条与柔和光线的完美共舞。

弧形欧式石膏顶以独特的身姿展现出空间变幻的魅力。

石膏顶上镂空的花草彰显欧式浪漫甜美的风格。

酷似钻石的顶灯为房顶增添沉甸甸的奢华质感。

交叠的金属圆盘顶以优雅贴切的艺术美呼应了餐厅内涵。

唯美精致的顶灯使空气中飘散着甜甜的公主风。

精雕细琢的石膏顶为房间增添高雅的艺术感。

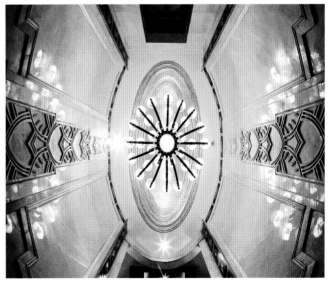

椭圆形纹理与太阳状顶灯使房顶似星系般深邃迷人。

房顶上不规则的金边架构显示了奢华与时尚的质感。

海蓝色的弧形扣板组合给人以波动而辽阔的自然感。

螺纹结构使吊顶有了丰富而直接的层次感。

L形水晶灯列满房顶打造晶莹剔透的浪漫风景。

简约洁白的房顶让纷乱喧闹的空间安静了下来。

旧铜色渲染的房顶释放出古典贵族般的高雅魅力。

方格分区房顶使光线在区域里集中而在整体里均匀。

自内向外铺开的层层八角形绽放出几何体的艺术魅力。

在灯光的衬托下方格内顶有了一种从天而降的神秘感。

略暗的顶灯使石膏顶在阴影中勾勒出深沉的轮廓。

深凹槽方格石膏顶呼应了房间简约大气的风格。

内顶边线利落而简单却为房顶增添了现代感。

浅黄色的青春甜美与顶结构的活泼跳跃相得益彰。

起伏有序的连接使两层房顶有了蛋糕一样的软蓬感。

精雕细刻的蜂巢房顶兼具工业质感和艺术观感。

通气装置藏在吊顶间维护了软装简欧风格的完整感。

圆盘吊顶铺满荷花图释放出浓郁自然的中式和谐。

中式格栅扣板使吊顶充满了传统的禅意。

高饱和度绿色与个性画框相搭更显俏皮灵动的时尚感。

与墙壁一致材质与设计的吊顶使空间齐整而统一。

石膏顶金黄色的花纹描边点缀出一种抽象的艺术感。

纯净不加修饰的白色更凸显出空间结构上的设计美感。

中式栏栅修饰石膏顶使其既有延伸视感更显传统风韵。

黄绿色立体牵牛花绽放于顶，将夸张又古典的艺术感淋漓展现。

充满机械感的顶灯与盛放的花束对撞出刚柔并济的美感。

层层清晰边线使吊顶似有一种抽象的外扩感。

菱形纹的简单修饰使内顶透出时尚简约的质感。

充盈着光线的菱形中间区使整个房顶有了灵性。

温和自然的木质吊顶使奢华空间不显高冷。

暖黄色光边烘托零星散布的光点营造诗意而浪漫的天花板。

低饱和度彩条纹使原木吊顶略显活泼又更朴素自然。

深棕色木梁框架使房顶复古大气而坚实有力。

充满线条感的天花板与顶灯搭配出"天圆地方"的文化底蕴。

笔直的折线布满房顶弱化了其个性凸显了其干净单纯的气质。

欧式花格吊顶与其他软装一起打造浪漫雅致的简欧空间。

自然＼舒适＼温婉＼内敛＼悠闲＼舒畅＼光挺＼华丽＼朴实＼亲切＼实在＼平衡＼温
婉＼内敛＼悠闲＼舒畅＼光挺＼华丽＼自然＼舒适＼温婉＼内敛＼悠闲＼舒畅＼光
挺＼华丽＼朴实＼亲切＼实在＼平衡＼温婉＼内敛＼悠闲＼舒畅＼光挺＼华丽＼自
然＼舒适＼温婉＼内敛＼悠闲＼舒畅＼光挺＼华丽＼朴实＼亲切＼实在＼平衡＼温
婉＼内敛＼悠闲＼舒畅＼光挺＼华丽＼自然＼舒适＼温婉＼内敛＼悠闲＼舒畅＼光
挺＼华丽＼朴实＼亲切＼实在＼平衡＼温婉＼内敛＼悠闲＼舒畅＼光挺＼华丽＼温
婉＼内敛＼悠闲＼舒畅＼光挺＼华丽＼朴实＼亲切＼实在＼平衡＼温婉＼内敛＼悠
闲＼舒畅＼光挺＼华丽＼自然＼舒适＼温婉＼内敛＼悠闲＼舒畅＼光挺＼华丽＼朴
实＼亲切＼实在＼平衡＼温婉＼内敛＼悠闲＼舒畅＼光挺＼华丽＼自然＼舒适＼温
婉＼内敛＼悠闲＼舒畅＼光挺＼华丽＼朴实＼亲切＼实在＼平衡＼温婉＼内敛＼悠
闲＼舒畅＼光挺＼华丽＼自然＼舒适＼温婉＼内敛＼悠闲＼舒畅＼光挺＼华丽＼朴
实＼亲切＼实在＼平衡＼温婉＼内敛＼悠闲＼舒畅＼光挺＼华丽＼自然＼舒适＼温
婉＼内敛＼悠闲＼舒畅＼光挺＼华丽＼朴实＼亲切＼实在＼平衡＼温婉＼内敛＼悠
闲＼舒畅＼光挺＼华丽＼温婉＼内敛＼悠闲＼舒畅＼光挺＼华丽＼朴实＼亲切＼实
在＼平衡＼温婉＼内敛＼悠闲＼舒畅＼光挺＼华丽＼自然＼舒适＼温婉＼内敛＼悠
闲＼舒畅＼光挺＼华丽＼朴实＼亲切＼实在＼平衡＼温婉＼内敛＼悠闲＼舒畅＼光
挺＼华丽＼自然＼舒适＼温婉＼内敛＼悠闲＼舒畅＼光挺＼华丽＼朴实＼亲切＼实
在＼平衡＼温婉＼内敛＼悠闲＼舒畅＼光挺＼华丽＼自然＼舒适＼温婉＼内敛＼悠
闲＼舒畅＼光挺＼华丽＼朴实＼亲切＼实在＼平衡＼温婉＼内敛＼悠闲＼舒畅＼光
挺＼华丽＼自然＼舒适＼温婉＼内敛＼悠闲＼舒畅＼光挺＼华丽＼朴实＼亲切＼实
在＼平衡＼温婉＼内敛＼悠闲＼舒畅＼光挺＼华丽＼自然＼舒适＼温婉＼内敛＼悠
闲＼舒畅＼光挺＼华丽＼朴实＼亲切＼实在＼平衡＼温婉＼内敛＼悠闲＼舒畅＼光
挺＼华丽＼自然＼舒适＼温婉＼内敛＼悠闲＼舒畅＼光挺＼华丽＼朴实＼亲切＼实

PASTORAL
田园混搭

　　追求清新简约的年轻人更倾向于淡雅质朴的墙面风格，淡绿、淡粉、淡黄的浅色系壁纸，无论在餐厅、书房还是卧室，一开门间，素雅的壁纸带来一股清新的味道，给人以回归自然的迷人感觉。

洁白的木质吊顶诠释了自然简单的生活追求。

拥有圆润拐角的吊顶给空间增添温馨柔和的气质。

深棕色木梁的坚固踏实与白色吊顶的柔和舒适相融合。

婉约曲线使洁白的吊顶给人自然而浪漫的感觉。

无规则镂空图案铺满吊顶使其充满拼图般的趣味性。

不紧窄的间隔与不尖锐的顶角释放轻松而舒适的生活气息。

海星吊顶自带一种充满趣味的清新格调。

生动抽象的小舟式石膏顶呼应了房间的海洋风情。

长边灯列外的金属框边是极简房顶中的时尚元素。

中间留圆的吊顶与餐桌呼应自然而圆满。

悬置的木梁与对应的光带使空间充满通透明媚的舒适感。

纤细的网格吊顶充满轻盈而清新的自然气质。

层层金色边线在柔黄色灯光的衬托下凸显温馨的质感。

极简的金色边线呼应点缀了线条感十足的个性顶灯。

自带旋转感的椭圆石膏图案吹出浓郁的清新海风。

淡黄色内顶于柔和的光线照射下更显温暖自然。

吊顶可爱的波浪边线展现了充满动感的自然气质。

简约的石膏线条与浑圆的内核使吊顶透出淡雅的气息。

白色木吊顶搭配木色木梁于自然氛围中再添缕缕温暖。

不事雕琢的木梁结构释放最真实而淳朴的自然气息。

一侧斜吊顶留出三角结构将自然明媚的光线引入屋内。

吊顶内外金黄色的填充以满满的奢华感呼应顶灯。

棕色的吊顶及房梁让明显的凸结构不至于过分高远。

白色木质吊顶的做旧处理使其自然拙朴的气质更加出众。

立体感十足的方格天花为空间增添矩阵的魅力。

淡雅的天花板既可分区又契合了客厅的田园风格。

洁白的木质斜顶充满干净而自然的气质。

精致的石膏雕花为优雅大气的房顶再添艺术质感。

蔚蓝色的房梁与同色的家居软装呼应打造浓郁海洋风情。

各具形态的顶灯使深沉古朴的竹节吊顶也活泼起来。

白色木质吊顶使白色空间多了几分柔和自然而不致晃眼。

木质天花流畅的纹路与结构曲线呼应质朴中更显大气。

温馨朦胧的暖黄色光晕罩上圆形吊顶营造舒缓的用餐环境。

顶灯以树形姿态呼应木质吊顶体现统一的自然感。

格子玻璃吊顶既敞亮又延续了日式清雅的软装格调。

多层次吊顶天花与灯光相间相融彰显简约而气派的格调。

中式内顶图案以混沌黄色围绕更显天地之浩然正气。

不同形状的石膏顶为空间分区亦增添不少乐趣。

简洁敞亮的透光天花是极简空间中的灵动之笔。

鹿头装饰使充盈空间的自然之气凝聚释放出来。

石膏顶与木栅栅天花相间使空间既明亮又温暖。

和谐质朴的木格栅吊顶与空间满满的禅意契合。

参照土坯房结构打造的石膏空间充满原始天然的味道。

纵深的水晶吊灯以晶莹剔透的华美填满餐厅空间。

抽象分布于集成顶的 L 形灯带使简洁空间时尚度激增。

石膏顶以繁复结构呼应精美软装又以纯白释放蓝色的浓郁。

铁轨式木质吊顶为独特的房顶结构添入新奇厚重的自然韵味。

碗底状吊顶与大圆床呼应为空间带入活泼而浪漫的调调。

中式壮丽恢弘的气势在收拢的高空间天花中完美呈现。

优雅低奢的洁白天花中和了厚重感十足的华美家居。

后现代化的中式天花实现了民族风的巧妙混搭。

简洁的吊顶汇聚光线更衬水晶灯晶莹浪漫。

黑色反光天花以光与影的抽象感搭配时尚的空间。

弧形圆顶天花使优雅整洁的厨房更添高端大气质感。

木栏栅与铁艺灯的搭配呈现出自然与工艺的巧妙融合。

暗金色的圆形天花为朴素的房间提升质感。

饱满的花朵吊灯在抽象天花衬托下散发出孤傲的美感。

圆圈暗纹天花呼应圆桌线条凸显活泼的现代感。

竹排吊顶搭树枝顶灯生动演绎了最真实质朴的自然艺术。

天花上优雅婉转的线条与椅背曲线相映成趣。

以白色为主要内涵的黑框天花完美搭配了空间各要素。

只有暗灯的极简吊顶凸显了后现代感十足的家居。

内层吊顶的金属边框以硬朗直率感调和了过于柔美的吊灯。

天花纹路以绘画手法演绎出神秘复古的立体效果。

错落有致的层层吊顶打造大方饱满的上层空间。

铁艺顶灯的艺术身姿与抽象时尚的天花纹路共舞。

从内而外由浅入深的设计使天花吊顶隆重端庄。

圆形内外吊顶搭配浅黄色柔光温馨而甜美。

华美的立体花纹使天花略暗的中心也不会失色。

以吊顶设计来凸显分区清晰省地又新颖美观。

深入的吊顶使水晶灯华美绚丽的光芒收拢而更耀眼。

立体九宫格深色吊顶凸显出庄严厚重的历史感。

大小与顶灯相当的圆形内顶更衬出顶灯的大气华丽。

整体排列的方形原木色天花是绚烂空间自然的释放面。

华丽的亮金色天花凸显奢华厚重的贵族感。

像素镂空吊顶将室内外的自然与时尚相连接。

十字原木架与蓝色风扇灯呼应呈现出最自然清新的画面。

复层吊灯夹层略显斑驳的铜黄色光带是复古风最生动的点缀。

部分覆盖的吊顶结构现代感与分区功能兼备。

简单纯白的天花与繁而不杂的洁白地砖上下呼应。

简洁纯白的设计使高深的房顶也有了平面感。

不经除斑处理的木板吊顶带来更自然质朴的装饰效果。

创造\实用\空间\简洁\前卫\装饰\艺术\混合\叠加\错位\裂变\解构\新
潮\低调\构造\工艺\功能\创造\实用\空间\简洁\前卫\装饰\艺术\混
合\叠加\错位\裂变\解构\新潮\低调\构造\工艺\功能\简洁\前卫\装
饰\艺术\混合\叠加\错位\裂变\解构\新潮\低调\构造\工艺\功能\创
造\实用\空间\简洁\前卫\装饰\艺术\混合\叠加\错位\裂变\解构\新
潮\低调\构造\工艺\功能\创造\实用\空间\简洁\前卫\装饰\艺术\混
合\叠加\错位\裂变\解构\新潮\低调\构造\工艺\功能\创造\实用\空
间\简洁\前卫\装饰\艺术\混合\叠加\错位\裂变\解构\新潮\低调\构
造\工艺\功能\简洁\前卫\装饰\艺术\混合\叠加\错位\裂变\解构\新
潮\低调\构造\工艺\功能\创造\实用\空间\简洁\前卫\装饰\艺术\混
合\叠加\错位\裂变\解构\新潮\低调\构造\工艺\功能\创造\实用\空
间\简洁\前卫\装饰\艺术\混合\叠加\错位\裂变\解构\新潮\低调\构
造\工艺\功能\创造\实用\空间\简洁\前卫\装饰\艺术\混合\叠加\错
位\裂变\解构\新潮\低调\构造\工艺\功能\简洁\前卫\装饰\艺术\混
合\叠加\错位\裂变\解构\新潮\低调\构造\工艺\功能\创造\实用\空
间\简洁\前卫\装饰\艺术\混合\叠加\错位\裂变\解构\新潮\低调\构
造\工艺\功能\创造\实用\空间\简洁\前卫\装饰\艺术\混合\叠加\错
位\裂变\解构\新潮\低调\构造\工艺\功能\创造\实用\空间\简洁\前
卫\装饰\艺术\混合\叠加\错位\裂变\解构\新潮\低调\构造\工艺\功
能\简洁\前卫\装饰\艺术\混合\叠加\错位\裂变\解构\新潮\低调\构
造\工艺\功能\创造\实用\空间\简洁\前卫\装饰\艺术\混合\叠加\错
位\裂变\解构\新潮\低调\构造\工艺\功能\创造\实用\空间\简洁\前
卫\装饰\艺术\混合\叠加\错位\裂变\解构\新潮\低调\构造\工艺\功
能\创造\实用\空间\简洁\前卫\装饰\艺术\混合\叠加\错位\裂变\解
构\新潮\低调\构造\工艺\功能\简洁\前卫\装饰\艺术\混合\叠加\错
位\裂变\解构\新潮\低调\构造\工艺\功能\创造\实用\空间\简洁\前卫\

MODERN
现代潮流

透视的艺术效果、抽象的排列组合、黑白灰的经典颜色……明朗大胆，映衬在金属、人造石等材质的墙面装饰中不显生硬，反而让居室弥散着艺术气息，适合喜欢新奇多变生活的时尚青年。

黑色线条边框补充了天花的层次又凸显现代气质。

沿边吊顶在深长的空间打造大气简约的灯带。

木结构吊顶一侧的凹槽低调的将现代感融入。

充满线条感的铁艺灯与天花黑框呼应出抽象的艺术感。

深蓝色的中心平面吊顶打造影院版魅惑时尚的观感。

精致镂空图案附身铜色反光天花表达细致入微的时尚靓色。

吊顶采用充满现代感的直线条平铺给人利落明快的感觉。

木色边框搭白色核心使天花与桌椅实现了色彩格局的同步。

吊顶通过光与影的简单对比呼应房间极简的现代设计。

工业风吊顶以不规则抠图设计为生硬的外表增添灵性。

石膏顶上巧妙打造的星河光带让童趣与浪漫充斥卧室。

石膏顶明亮的高区与餐桌椅的摆置形成独特的时尚角度。

略短的留边吊顶使空间承接而不失顶部高阔的本质。

横竖宽边的交错设计突显了别具一格的时尚情调。

窄梁与木质底板的交错使天花好似摆架的延伸。

吊顶中心的圆形灯区散发着惬意和谐的生活味道。

描边的高光带使吊顶好似悬浮的平面时尚酷炫。

嵌在吊顶中的暗灯缓解了其低位造成的昏暗与压抑感。

灰色的中心与光带平整相接凸显出一丝不苟的冷峻风采。

五彩斑斓的天花呈现出色彩碰撞融汇后的大狂欢。

分散的长条形嵌灯吊顶装饰出有现代律感的上层空间。

相连的空间通过凹形顶形成明亮而自然的分区。

实木天花以无序的凸起木条呼应两侧错落的楼阶。

现代风天花采用木质材料为冷静的空间增添柔情。

集成顶以经典的黑白配诠释了现代家居。

独特的设计使吊顶在阳光下好似优雅律动的琴键。

吊顶一处开放的空口使整个空间更显出圣洁宁静的大格调。

天花引入欧式相框要素展现统一精致的艺术气质。

天花以不断交叠的五边形凸显出活泼生动的时尚感。

吊顶像倒置的裙摆与水晶灯相接演绎宫廷般的高雅感。

均匀分布在吊顶边框上的射灯形成规则美观的光面组合。

纵横交错层层叠叠的天花与简单的房间摆置形成鲜明对比。

一行行长条凹槽轻松打破光滑天花的无聊平整感。

吊顶不规则的立体结构打造变幻的创意美。

天花上环环相扣的图案铺出经典的优雅气质。

吊顶间的暖黄色光带营造惬意温馨的用餐氛围。

与隔断相同的原木纹天花使空间有了统一的自然感。

自然相连的木质地板、墙面与天花好似放大的折叠纸盒。

隐匿于视线的壁灯是将上层走廊背面化作极简吊顶的点睛之笔。

插入房顶的木栅栏以上下流通的效果缓解了高度不足的压抑。

吊顶裸露的网格架制造出工业风般的抽象时尚感。

简易乖巧的管道与灯使吊顶极致抽象与空间风格搭配完美。

吊顶的材质与颜色由低到高产生由重到轻的过渡。

灰色的吊顶主色向空间释放冷峻而绅士的气息。

平行线将吊顶的弧面勾勒得更加明白流畅而自然惬意。

天花上一侧的长形灯槽使略呆板的玄关有了活力。

大方平阔的天花衬着一层高的垂坠装饰也大气壮观。

洁白吊顶上浅浅的立体图案带给空间现代而舒适的感觉。

蓝天自吊顶狭长的空隙中与洁白的室内顺而承接。

覆盖着墙壁与顶的节节木板将自然温暖的气息充斥小空间。

原木天花用温暖柔和的色泽平衡了浅色空间的丝丝凉意。

吊顶光带散发的宽光晕制造一种朦胧梦幻的景象。

立体折面吊顶与曲面墙壁共同演绎出几何美大合奏。

反影延长至大理石天花的光带使立体空间有了平面感。

列排隔板式天花使空间多了一处别有情趣的亮点。

圆镜面吊顶搭配几珠水银块便是最科幻超越的房间点缀。

不同几何形状的凹槽为颜色单一的吊顶增添了有趣的多样性。

深棕色吊顶框架勾勒出充满复古韵味的精美天花。

吊顶的水波纹层样与弧形墙面相间的层次相呼应。

与桌面大小相称的吊顶灯槽补充了空间清雅闲适的氛围。

层层不规则的闭合曲线将独特壮观的地理美景化作天花。

无规则木质拼接吊顶为酷酷的房间注入升温的现代感。

吊顶细直的深框线与空间多处清晰线条交相呼应。

自吊顶上方渗透出的光线烘托出更具个性的现代风天花。

由白色、黑色、黄色拼接的空间角落呈现出活力四射的潮流感。

打造吊顶凹槽使吊灯最梦幻的部分恰入楼层景象。

纯白光面天花以明快的风格中和了酒吧风房间的迷乱感。

中式图案与现代设计巧妙结合的吊顶体现了传统与现代的碰撞美。

一列吊顶灯槽相互错开于整洁感中添加活泼的气息。

工业风吊顶使空间的现代感更加犀利直接。

木质窗扇与三角框架及灯组成了充满艺术氛围的上层空间。

略斑驳的浅木色吊顶栅栅散发出质朴天然的怡人气息。

深黑色工业风吊顶给人扑面而来的浓郁潮流感。

长短不一的管道状吊顶装饰相互交错演绎出抽象的时尚风格。

带着斑点的木质天花将有温度的自然感注入温馨的房间。

倒插入木质吊顶的悬空摆架具有透着新奇可爱的实用性。

深浅相间的暖色木质天花将温馨踏实注入超现代房间。

弧形吊顶中线以简洁优美的方式为房间划出清晰的分区。

蜂巢轮廓与图案使天花释放出自然而时尚的魅力。

自床头延伸至顶的天花搭配炫酷顶灯营造独立个性的休息区。

原木结构天花与原木软装一起打造天然惬意的书房。

一条自落地而跨顶的窗结构带将内外景悄然融合。

木屋结构的吊顶透出屋主人回归自然的生活向往。

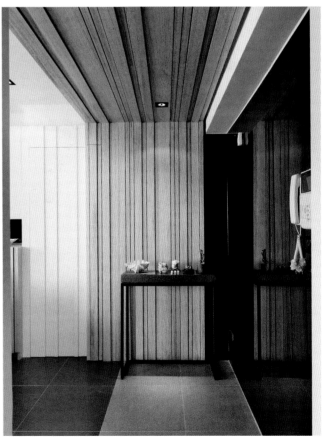

紧密相接又高低错落的木质天花自然中又带着时尚的视觉冲击。

宽敞房间的高低顶借灯光打造立体而具对比性的明暗区。

与两侧相接的低吊顶既能分区又有承前启后的过渡作用。

L 性吊顶使房间整体于干净统一之余多了些主次感。

利落发散的天花缝隙搭配射灯使空间光线均匀恰当。

将奢华舒适的软包背景墙延伸至天花营造满满的幸福感。

天花极简的黑色边线以清晰轮廓感迎合房间利落明快的风格。

吊顶以单元格重复排列的方式呼应同样整齐有序的餐桌。

竖条纹、镜面与灯光的组合将时尚潮流发挥至极致。

白色镜面天花映出房间倒影使垂直空间也开阔起来。

吊顶高低分区使相连空间多了一种灵动的伸缩感。

充满现代感的大网格吊顶与球状灯群、垂直栏栅相映成趣。

吊顶简单平整却使开放厨房有了一目了然的区域感。

吊顶不规则却顺滑的闭合线呼应着水银状吊灯的流光。

木质吊顶框线的深沉厚实与金色吊灯的奢华厚重相辅相成。

吊顶平展的表面与紧凑的层次透出明捷又宽泛的现代气息。

天花以框边展现类同之齐而以灯组演绎变幻之美。

嵌着射灯的木质吊顶为木色空间营造五彩斑斓的温暖氛围。

黑白镜面块交错的天花将变幻时尚的感觉充斥玄关。

暗红色木质天花散发浓郁古朴的自然气息。

花的妩媚、金的质感与镜的变幻组合出光怪陆离的天花世界。

吊顶方正规矩的层层方框衬托着流动变化的吊灯更有趣。

平整洁白的吊顶使厨房更凸显干净整洁的风范。

球状灯群自高暗空间穿过大网格打造立体别致的天花井。

黑色墙面与灰黑色吊顶间的一道白色光线将压抑倏然释放。

浅色木质电视墙向上延伸出天花将空间包裹于清新自然的氛围中。

大小恰到好处的木质吊顶与四周匹配组合成可爱的客厅区域。

穿梭于天花长方形槽内的方灯展现出机动灵活的现代感。

天花与空间其他木屑元素一起向原始生活的淳朴致敬。

圆弧石膏结构是花纹背景墙与洁白天花间的柔顺连接。

天花流畅的沟渠与蓝色的光晕将天河般的静谧表达出来。

水泥砖样的天花传递出冷静现实的工业感。

三角形吊顶与电视墙拼合出优雅绽放的银色丽影。

一道道阴影低调地呈现出三角形吊顶的简欧田园风情。

像光盖一样的圆润吊顶演绎超时空般的时尚。

天花红润温实的木感与自然唯美的叶形相互辉映。

铁栏杆状天花与垂落的铁笼灯群融合展现铁艺之美。

由光道分隔木栏栅几何体突显天花清新朴素的组合变化之美。

三道黑黄色灯路为白色天花装饰出有质感的线性时尚。

顶灯以常见的生活元素及自然纯洁的色搭给人抬头可见的平静。

深棕色木纹天花与金属感灯路碰撞出冷暖相依的火花。

创意铁艺架构与天窗共同打造充斥饱满光线与空气感的房间。

略显庄重的吊顶设计是中和房间轻盈气质的元素之一。

少量黑色元素即可为洁白自然的天花带入醒目的时尚记号。

平整无界的吊顶均匀嵌入小灯营造出星空般的广阔豁达。

吊顶任意挥洒的线条在黄色光带的烘托下突出灵动的大气美。

半遮半掩的吊顶藏起光源却尽展不对称的别样性情。

天花逐渐拔高又回落的折角制造出缓冲强光的阴影面。

吊顶竖槽的斜面底展现无处不在的随性细节。

饱满洁白的三盏吊灯与实木桌板上的三圈圆相映成趣。

自然光肆意穿过的天窗顶与厚重锁光的吊灯形成互补。

与吊顶同形同向的灯设带来整体而顺承的美感。

吊顶三分灯区既使空间饱满又可达到调整光强的效果。

纯白与木质吊顶在高低、亮暗、冷暖上均体现出鲜明对比性。

吊顶与床齐宽的遮光区不影响室内光线又展现人性化的科学理念。

吊顶白色区域为略带阴郁气质的灰色空间结构减压提亮。

深棕色木质吊顶区域与深色床边区域形成对角呼应。

天花上数个六角形暗灯展现变幻的队列与整齐的几何之美。

连接吊顶两临边的发散状立体光带组释放脱颖而出的潮流感。

平淡无奇的吊顶是形态各异的灯热闹比拼的最好舞台。

吊顶两排亮黑色条带使工业风射灯有了些隐身效果。

吊顶的高低结构凸显出房间别致新颖的空间布局。

吊顶高区收拢的边缘设计为空间增添活跃的变化美。

平行排列的暗灯组、空调组及吊灯组都体现出秩序化的延伸感。

形态分化的吊顶木屑槽是于原始偏好中对多变时尚的向往。

线性长吊灯以个性不凡的气质装饰了经典的黑白配天花。

木色立体枝丫与椭圆灯组搭配出自然唯美的艺术画面。

吊顶自内向外层层扩展的回形建立起整齐饱满的立体美。

吊顶折叠穿插的设计不仅时尚更强化了投影功能。

天花以黑框白底的格子与黑椅白桌的摆置形成默契。

纤细顶灯融入淳厚庄重的天花好似一幅神秘悠久的油画。

复层吊顶沿边凸显出中规中矩的方正美感。

镜子格天花映着五彩纷呈的空间景象更迷幻醉人。

木质天花的框架结构与床头背景墙设计统一呼应。

列满凹凸条形的天花带来穿梭浮动的时尚节奏。

连通的木质外衣结构传递简捷自然超越的现代理念。

以极简射灯框作唯一修饰透出天花干练实用的气质。

泛着铜色光泽的长条为吊顶添入金属般的时尚质感。

天花以宽光带模仿层次更有一种虚实相映的奇妙观感。

吊顶巧妙的弧面设计给人海世界一样的居家体验。

图 解 家 装 细 部 设 计 系 列

Diagram to domestic outfit detail design

玄关隔断 666 例
Partition

主 编：董 君 / 副主编：贾 刚 王 琰 卢海华

中国林业出版社

目录 / Contents

对称\简约\朴素\大气\庄重\雅致\恢弘\壮丽\华贵\高大\对比\清雅\含蓄\端庄\对称\简约\朴素\大气\对称\简约\朴素\大气\庄重\雅致\恢弘\壮丽\华贵\高大\对比\清雅\含蓄\端庄\对称\简约\朴素\大气\端庄\对称\简约\朴素\大气\庄重\雅致\恢弘\壮丽\华贵\高大\对比\清雅\含蓄\端庄\对称\简约\朴素\大气\对称\简约\朴素\大气\庄重\雅致\恢弘\壮丽\华贵\高大\对比\清雅\含蓄\端庄\对称\简约\朴素\大气\对称\简约\朴素\大气\对称\简约\朴素\大气\庄重\雅致\恢弘\壮丽\华贵\高大\对比\清雅\含蓄\端庄\对称\简约\朴素\大气\对称\简约\朴素\大气\庄重\雅致\恢弘\壮丽\华贵\高大\对比\清雅\含蓄\端庄\对称\简约\朴素\大气\端庄\对称\简约\朴素\大气\庄重\雅致\恢弘\壮丽\华贵\高大\对比\清雅\含蓄\端庄\对称\简约\朴素\大气\对称\简约\朴素\大气\庄重\雅致\恢弘\壮丽\华贵\高大\对比\清雅\含蓄\端庄\对称\简约\朴素\大气\对称\简约\朴素\大气\庄重\雅致\恢弘\壮丽\华贵\高大\对比\清雅\含蓄\端庄\对称\简约\朴素\大气\端庄\对称\简约\朴素\大气\庄重\雅致\恢弘\壮丽\华贵\高大\对比\清雅\含蓄\端庄\对称\简约\朴素\大气\对称\简约\朴素\大气\庄重\雅致\恢弘\壮丽\华贵\高大\对比\清雅\含蓄\端庄\对称\简约\朴素\大气\对称\简约\朴素\大气\庄重\雅致\恢弘\壮丽\华贵\高大\对比\清雅\含蓄\端庄\对称\简约\朴素\大气\端庄\对称\简约\朴素\大气\庄重\雅致\恢弘\壮丽\华贵\高大\对比\清雅\含蓄\端庄\对称\简约\朴素\大气\恢弘\壮丽\华贵\高大\对比\清雅\含蓄\端庄\对称\约\朴素\大气\恢弘\壮丽\华贵\高大\对比\清雅\含蓄\端庄\对称\庄重\

CHINESE
中式典雅

　　雕花、隔扇、镂空是传统的中式风格的装饰物，白色或米黄色的墙面是中式装修墙面的主要色调，怀旧与情调的搭配、天然与淳朴是中式背景墙的魅力所在，让人在繁华与喧闹中找到心灵的安静。

不加粉饰的原木背景墙使玄关处充满天然原野的气息。

白色雕花旋转板气质优雅而质感细腻。

内嵌荷花美景的中式格栅尽显儒雅与娟秀的中国风。

中式高脚柜中隐约可见的茶具更添自然清雅的气质。

一簇白色腊梅于满满的中国风韵中添入坚韧清高的气质。

顺次凸起的竖条使长白走廊不显单调无味。

一面黑色柜子不仅起到分区作用还具备收纳功能。

中式隔断使用餐环境通透明亮又不失雅致。

垂坠的腰佩于禅意空间中展现中式精致之美。

环绕于深色中国风中明亮清秀的水墨画使人心驰神往。

传统书法与石雕人将悠久深厚的文化底蕴注入简练工业风。

45度转角中式格栅于传统中赋予变化之妙。

大理石缥缈的纹理使通往正厅的路好似在云端。

铁艺骏马艺术品既有自然狂野又蕴含不羁个性。

耀眼的金色工艺品搭沉静的中式隔断相得益彰。

中式骏马展示柜凸显传统魅力与文化自信。

黑色中式隔栅与大理石拼接使现代与传统完美统一。

自然雅致的玻璃隔断开阔了居室间的视野。

宽大的中式格栅搭配半透明遮挡颇有朦胧诗意。

迥异的中式隔断于不变的韵味中产生变化的气质。

以四扇规整的中式隔栅打造端庄静谧的平行空间。

带有陈旧感的中式格栅使古老气息悄悄飘散开来。

简约中式桌椅及摆架将玄关处打造成小巧书房。

夸张的铁艺中式座椅也是玄关处一大亮点。

厚实的中式格栅稳当大气又细致入微。

几面宽厚的展示柜使宽敞空间充满艺术品味。

长沙发与木茶几将玄关打造为闲适的休息区。

中式拱门格栅透着古色古香的天然秀气。

彩色反光大花地面使人眼前一亮而精神焕发。

楼梯间的中式柜子与一株盆栽相搭自然而宁静。

远处的大幅荷花图所散发出的清新雅致充满客厅。

中式隔断搭方灯传递出浓浓的静谧美好的感觉。

前厅的劲松自隔断圆孔中呈现出傲然又平和的气质。

圆孔石膏隔断巧妙地利用方圆打造画中景的意境。

富有色彩空间里的旧物件突出了房间的怀旧情结。

中式多边隔窗以经典的中国风装饰单调的玄关。

红色的中式斗柜高调地展现出中国风韵。

充满艺术气息的中式展柜是最有文化底蕴的隔断。

中式玄关处时尚的摆件色彩低调而与周围和谐。

黑白地砖对比将行走区明白通顺的划分出来。

优美时尚的工艺品带给玄关高雅傲娇的气质。

白色团团花簇与张扬的枝条反向搭配为背景增添生机活力。

中式拱门上凌乱的几何图形于传统中注入时尚活力。

透明的牡丹刺绣图明丽逼真而不落艳俗。

对立的略显粗糙的动物石雕彰显出远古时代的智慧。

简约自然的玻璃门与室内和谐温馨的氛围相融。

中式格栅以整齐划一的模样带给人简约自然地印象。

多样式中式格栅拼接出丰富多姿的中国风韵。

异域风情的木雕与中式玄关处大放异彩。

极简的中式搭配却散发浓厚的禅学底蕴。

精美根雕更显中式玄关的古风古韵。

现代雅致的洗手池可使玄关不再徒有其表。

洁白的艺术品在黑色背景下更显经典与精致。

原木色中式格栅使光线温暖和睦。

欧式矮柜与中式平台相对呼应出古典奢华的玄关。

一对造型各异的大理石为端正的中式玄关添入活泼性格。

精致瓷瓶满载着灵动的艺术感装饰了宁静的中式玄关。

一面圆孔石膏墙平添几分神秘感于安静的书房。

中式挂画与摆件以略微夸张的手法将传统与时尚融合。

考究的花瓶插满葱郁的枝条给人扑面而来的清新畅然。

玄关处悬垂而下的两盏方灯使静谧美好的意境更浓。

瓷器温润柔和的光泽使玄关也成为了驻足之地。

纯白花瓶与绿植盆栽为中式玄关增添淡雅与生机。

镜面设计使窄窄的走廊实现视线开阔与空间延展。

自然简单的中式格栅于旋转中打开了空间阻隔。

白色格栅以米字为单元呈现出简约俏皮的气质。

米黄色半透明隔断有一种朦胧的浪漫感。

中式棋桌与洁白枕垫搭配出饶有趣味且舒适异常的玄关。

中式八角门将内里精巧的布置描出了一副岁月静好图。

中式隔断略显旧的木色带来了传统文化的悠久感。

米白色的中式格栅搭上蓝色橘色物件更显轻盈活泼。

中式格栅使茶空间具有一定的独立性而更显闲逸。

黑色柜面上扬的边定下了中式沉稳庄重的基调。

浅黑色玻璃与金属材质搭配出都市魅惑气质。

一张中式小桌使玄关于现代时尚的整体中独具传统韵味。

白空间中经典的中式格栅带来和谐安宁的底蕴。

旋转门让空间灵活起来。

多用隔断，即分割空间又实现存储。

通透的隔断让空间变得更大。

玄关处的处理实现了功能的充分利用。

混搭的玄关体现出东西方经典与现代的碰撞。

明黄色花鸟图与绿植虚实呼应清新又雅致。

漆黑的柜面上金色与红色绘出精美绝伦的宫廷仕女图。

一段不事雕琢的木头于中式玄关中更显自然拙朴。

螺旋而上的木雕搭中式格栅呈现出自然勃勃生机。

精雕细琢的中式折叠屏风为室内带来一片祥和宁静。

橘色玻璃隔断映照着远处的光线更加朦胧温馨。

隔断上彩绘的抽象花朵绽放出一室的缤纷甜美。

黑白相间的展示柜不仅外观时尚而且兼有分区收纳功能。

黑色方格架于方正中充满变幻的时尚魅力。

墙壁上椭圆形的空区使阳光与空气透入昏暗的空间。

半透明隔断上竹影绰约带来幽静怡人的林中景致。

时尚活泼的桃红色使中规中矩的柜子不那么沉闷。

黄绿色中式隔断于朴素的经典中混入鲜活生气。

高饱和度色彩绘出明丽逼真又细致入微的古代生活图。

大理石包裹下的中式玄关多了些靓丽清爽的现代气息。

时尚材质组合出的中式桌凳透着老成又年轻的气息。

带着镂空花样的纯白双开门充满现代简约的气质。

橘红色的窗帘自顶而下有一种贯通的富贵气势。

简明的家具与青色墙砖形成细腻对比。

中式小柜、佛祖与装饰盘于垂直线上搭出无尽的禅意。

自然又时尚的类圆形艺术品使中式玄关与众不同。

一幅山水国画彰显和谐宁静的中国风韵。

一对太师椅彰显出深厚的文化底蕴。

经典黑白搭使中式自然而禅意的玄关平添几分时尚。

深浅木色文化砖墙为玄关定下真实自然的基调。

顶角锐利的工艺品于圆形玄关中散发冲云破雾的气势。

中式挂件上的祥龙与地面上富贵的大花相呼应。

深灰石板错落有致于白色石子路上更显悠哉闲适。

抽象挂画为简约空间添入一抹亮丽的艺术风景。

拼接石砖隔墙与木栏栅形成冷暖呼应的淳朴组合。

相似的展示柜并排而立有一种齐整的美感。

流动＼华丽＼浪漫＼精美＼豪华＼富丽＼动感＼轻快＼曲线＼典雅＼亲切＼流动＼华丽＼浪漫＼精美＼豪华＼富丽＼动感＼轻快＼曲线＼典雅＼亲切＼清秀＼柔

EUROPEAN
欧式奢华

精美＼雕刻＼装饰＼镶嵌＼优雅＼品质＼圆润＼高贵＼温馨＼流动＼华丽＼浪漫＼精美＼豪华＼富丽＼动感＼轻快＼曲线＼典雅＼亲切＼流动＼华丽＼浪漫＼漫＼精美＼豪华＼富丽＼动感＼轻快＼曲线＼典雅＼亲切＼清秀＼柔美＼精湛＼雕刻＼装饰＼镶嵌＼优雅＼品质＼圆润＼高贵＼温馨＼流动＼华丽＼浪漫＼精美＼豪华＼富丽＼动感＼轻快＼曲线＼典雅＼亲切＼流动＼华丽＼浪漫＼精美＼豪华＼富丽＼动感＼轻快＼曲线＼典雅＼亲切＼清秀＼柔美＼精湛＼雕刻＼装饰＼镶嵌＼优雅＼品质＼圆润＼高贵＼温馨＼流动＼华丽＼浪漫＼精美＼豪华＼富丽＼动感＼轻快＼曲线＼典雅＼亲切＼流动＼华丽＼浪漫＼精美＼豪华＼富丽＼动感＼轻快＼曲线＼典雅＼亲切＼清秀＼柔美＼精湛＼雕刻＼装饰＼镶嵌＼优雅＼品质＼圆润＼高贵＼温馨＼流动＼华丽＼浪漫＼精美＼豪华＼富丽＼动感＼轻快＼曲线＼典雅＼亲切＼流动＼华丽＼浪漫＼精美＼豪华＼富丽＼动感＼轻快＼曲线＼典雅＼亲切＼清秀＼柔美＼精湛＼雕刻＼装饰＼镶嵌＼优雅＼品质＼圆润＼高贵＼温馨＼流动＼华丽＼浪漫＼精美＼豪华＼富丽＼动感＼轻快＼曲线＼典雅＼亲切＼流动＼华丽＼浪漫＼精美＼豪华＼富丽＼动感＼轻快＼曲线＼典雅＼亲切＼清秀＼柔美＼精湛＼雕刻＼装饰＼镶嵌＼优雅＼品质＼圆润＼高贵＼温馨＼流动＼华丽＼浪漫＼精美＼豪华＼富丽＼动感＼轻快＼曲线＼典雅＼亲切＼流动＼华丽＼浪漫＼精美＼豪华＼富丽＼动感＼轻快＼曲线＼典雅＼亲切＼清秀＼柔美＼精湛＼雕刻＼装饰＼镶嵌＼优雅＼品质＼圆润＼高贵＼温馨＼流动＼华丽＼浪漫＼精美＼豪华＼富丽＼动感＼轻快＼曲线＼典雅＼亲切＼流动＼华丽＼浪漫＼精美＼豪华＼富丽＼动感＼轻快＼曲线＼典雅＼亲切＼清秀＼柔美＼精湛＼雕刻＼装饰＼镶嵌＼优雅＼品质＼圆润＼高贵＼温馨＼华丽＼浪漫＼精美＼豪华＼富丽＼动感＼轻快＼曲线＼典雅＼亲切＼流动＼华丽＼浪漫＼精美＼豪华＼富丽＼动感＼轻快＼曲线＼典雅＼亲切＼清秀＼柔美＼精湛＼雕刻＼装饰＼镶嵌＼优雅＼品质＼圆润＼高贵＼温馨＼流动＼华丽＼浪漫＼精美＼豪华

EUROPEAN

欧式奢华

彩绘的大理石地面使华丽的玄关更丰富饱满。

柿子树挂画以自然的富足与欧式的富丽相呼应。

色彩纷呈的花园挂画释放强烈的自然气息。

富有光泽的小阶梯展现夺目奢华的贵族气质。

黑色斑纹大理石墙面充满时尚奢华的质感。

轻复古壁灯装饰了静谧舒适又富有情调的空间。

可爱精巧的镂空图样透出清新的简欧风。

铁艺栏栅以婉转的曲线舞出清爽优雅的气质。

统一的白色大理石门框打造视觉延展的玄关走廊。

抽象彩色挂画平衡了玄关偏暗的色调。

精美镂空隔板的合理摆放兼具实用与装饰性。

欧式石柱于双面空间都增添了恢弘气势。

华丽的圆形石膏顶与大理石圆形地面图案交相呼应。

独立的电视墙兼具卧室与更衣间的分区功能。

由叶至花再至果的组合将季节之美集中呈现出来。

玄关处亦可打造奢华舒适的喝茶品酒区。

白色镂空格栅围起独立又通透明亮的简欧餐厅。

长方形水晶灯将长方形玄关也映照得富丽堂皇。

利用半边分隔墙打造开放的书房提高了整体空间利用率。

高空间上下贯通的木质镂空格栅于自然中更添壮观。

利用独立的隔板使玄关走廊与房间既区分又相连。

玄关与室内铺设一致的木地板提高整体和谐性。

精心搭配的绿植花卉使高雅的空间更添自然生气。

复古高架烛台赋予走廊同样的华贵气质。

金色镂空格栅罩上玻璃于欧式奢华间透出时尚。

内置灯光照射下的水晶帘更加晶莹剔透且华美非常。

中式与欧式元素的和谐共处使玄关充满混搭魅力。

富有层次感与饱满度的顶与灯使欧式繁复之美极致发挥。

深色复古灯的繁复与浅色空间的简约形成反差美。

一幅金黄色树形油画使走廊散发希冀之光。

华丽的欧式水晶顶灯使玄关颇有富贵的气派。

彩色油画使人于艺术美中体会广阔与安宁。

朦胧的渔夫泛舟图营造出悠哉惬意的自然氛围。

拱门与地砖设计使玄关走廊形成分区而不致空旷单调。

材质与颜色各异的抽屉使玄关有了些许活泼气质。

玄关一侧的镜面使深色空间延展而减缓压抑氛围。

做旧彩色挂毯与天然木桌呈现地道拙朴的民族风情。

青花瓷瓶为简欧玄关添入静谧安然的中国风。

一面精雕细琢的黑色镜子给人神秘古老的感觉。

抽象花鸟图大理石地砖于大气的奢华中透出自然气息。

淡绿色花鸟图与新鲜花卉虚实呼应充满田园气息。

壁画成为玄关的视觉中心。

隔断木质外框以温和的气质中和了欧式张扬的魅力。

玻璃隔断上婉转缠绕的枝叶带来自然淡雅的气息。

列于门两侧的吊灯为玄关添入了工业风的调调。

花格的隔断区分了餐厅和门厅。

大理石柱使室内外有了明显的远近感。

三面留空的隔墙使开阔的房间得以合理分区利用。

靠垫与羊毛毯为玄关增添了无尽的舒适度。

木色与白色搭配使空间温暖自然又精致优雅。

金色方格与盛放花篮使玄关充满富贵又大气的视感。

金黄色精雕圆顶与山水画金边呼应而出一派富丽堂皇。

文化砖与原木的自然气质与艺术品的真实含义相呼应。

淡黑色纱帐使简约自然的玄关区更添复古浪漫。

黄铜色镜面隔断打造亦真亦幻的延展空间。

木框做边使隔断有了简单自然的生活趣味。

有着强大储藏功能的隔断。

大地色系的地砖给人原始多样的整体感。

蓝黄色欧式皇家旗帜挂画展现高贵正统的气质。

小窗、骏马、花与木桌的组合散发自然田园气息。

优雅玄关重复串联打造圣洁庄重的玄关走廊。

轻复古造型与时尚黑白色搭使壁灯成为玄关亮点。

亮黑色与银色搭配赋予经典欧式玄关别致的时尚气质。

白色大理石柱使玄关有了恢弘庄严的气势。

银色镂空隔断与地砖图样尽展曲线曼妙之美。

欧式方桌的白银光泽反映出精致高洁的美人气质。

菱形纹大理石背景营造水波样动感自然的气氛。

做旧的钟表与土坯砖墙气质相投淳朴自然。

一幅柔韧的花枝图于走廊尽头释放清新自然的气息。

利落带有弧角的人造石台面以有序的层次叠加。

咖啡网纹大理石柱使玄关有了恢弘庄严的气势。

盛放紫花的海蓝花瓶使玄关气质富贵又充满生机。

在玄关处设置小吧台的生活惬意而自在。

挂画、工艺品与绿植自上而下将自然元素布满玄关。

将玄关装饰为潮包墙既实用又彰显不凡的生活品味。

精致又富含民族风情的挂画与摆件使玄关独具风格。

在玄关处打造储物柜也提升了空间利用率。

黑白黄组合使玄关既成熟时髦又活泼可爱。

圆边木板拼接方桌以自然可爱的气质与绿植挂画相搭。

玻璃顶将夜色引入玄关营造最天然的浪漫氛围。

添置几样沙发座椅打造舒适有品的玄关休息区。

铁艺树叶灯为田园风情的玄关增添优雅气质。

地砖圆形的彩绘图案使空间饱满丰富起来。

透过成排隔板的灯光照着玄关走廊更温馨自然。

深棕色桌台搭银色桌腿是于沉稳中透出时尚气息。

银灰色小沙发的添入使玄关有了酷炫的性格。

反光材质的运用打造光怪陆离的时尚玄关。

点缀着暖色的装饰画与摆设使玄关更富层次感。

充满自然风情的格栅搭配小木椅使人轻松舒畅。

环环相扣的金属格栅打破规整、凸显个性。

长靠背红紫色绒质沙发彰显复古气质与奢华格调。

双开门上交织的波纹形成一面雅致流畅的风景。

勾勒有白边的漆黑方桌拥有摄人心魄的深邃魔力。

相对的水晶华灯与欧式沙发使玄关饱满而充实。

桌旗、灯座与灯罩上的穗子为玄关增添柔软细密的质感。

以圆为软装基础的玄关于长形空间中雅致突出。

组合起不同风格的摆设便有了丰富灵动的玄关。

以实木柱门分区赋予玄关非同一般的贵族气派。

玻璃外边以纯净透亮的气质呼应中心的清新淡雅。

实木扇门有一种自然拙朴的欧式田园气质。

灰色中式格栅将自然韵味与现代品味融合。

金属摆设高低呼应传递出艺术的共鸣。

绿植与花卉的装点使敞亮的空间处处生机勃勃。

喇叭花顶灯于华美的空间中展现精致的自然美。

姿态优雅的欧式壁灯尽显玄关高雅古典的格调。

中式素雅花瓶因其亮眼的金属材质而显得高调特别。

白框黑底的墙面使玄关走廊简约而时尚。

彩色的装饰盘使玄关活泼可爱亦富有层次感。

大小银珠串联而成的挂饰给人圆润又起伏的时尚质感。

精致繁复的欧式化妆桌带来复古的大气与奢华。

镶一面镜子便使玄关发挥出更大的生活价值。

蓝色簇花作发的洁白少女将青春淡雅的气质带入玄关。

水晶壁灯与顶灯呼应营造浪漫复古的玄关氛围。

古老的留声机使人尽情沉浸在悠扬美好的音乐里。

绒质坐墩既美观又提升了玄关的实用性。

玄关处打造考究惬意的开放式书房提升生活品质。

美丽小镇挂画实现了空间的风格转换。

个性的红色摆设与木椅自欧式玄关中跳脱出来。

黑色现代顶灯与简欧白色空间搭配出永恒的经典。

天然的文化砖墙带来质朴自然的大地气息。

嵌入墙面的明亮窗门使空间清新分隔又自然相融。

三面木结构使玄关充斥着温暖自然的气息。

背景墙发散的金属图案带来舒展饱满的时尚感。

个性的人物素描挂画为玄关增添艺术韵味。

工业风壁灯将独特的现代感带入欧式玄关。

绽放的绿色花朵于深邃的时尚中透出清新风雅。

欧式贵女壁画散发浓浓的艺术与文化魅力。

风格迥异的彩色抽象画赋予玄关多样的艺术内涵。

丰富的插画于黄铜色花纹镜面衬托下更显雍容富贵。

玄关处的中式软装呈现出一派祥和自然的景象。

挂画和花瓶丰富的色彩搭配使玄关富有层次感。

舞动少女摆件搭"琴键"背景为玄关增添优雅动人的乐感。

黑白菱形格地砖使个性物件于雅白空间中不致突兀。

大气的圆形玄关使相连的气派空间得以平稳过渡。

自然\舒适\温婉\内敛\悠闲\舒畅\光挺\华丽\朴实\亲切\实在\平衡\温婉\内敛\悠闲\舒畅\光挺\华丽\自然\舒适\温婉\内敛\悠闲\舒畅\光挺\华丽\朴实\亲切\实在\平衡\温婉\内敛\悠闲\舒畅\光挺\华丽\自然\舒适\温婉\内敛\悠闲\舒畅\光挺\华丽\朴实\亲切\实在\平衡\温婉\内敛\悠闲\舒畅\光挺\华丽\自然\舒适\温婉\内敛\悠闲\舒畅\光挺\华丽\朴实\亲切\实在\平衡\温婉\内敛\悠闲\舒畅\光挺\华丽\朴实\亲切\实在\平衡\温婉\内敛\悠闲\舒畅\光挺\华丽\自然\舒适\温婉\内敛\悠闲\舒畅\光挺\华丽\朴实\亲切\实在\平衡\温婉\内敛\悠闲\舒畅\光挺\华丽\自然\舒适\温婉\内敛\悠闲\舒畅\光挺\华丽\朴实\亲切\实在\平衡\温婉\内敛\悠闲\舒畅\光挺\华丽\自然\舒适\温婉\内敛\悠闲\舒畅\光挺\华丽\朴实\亲切\实在\平衡\温婉\内敛\悠闲\舒畅\光挺\华丽\温婉\内敛\悠闲\舒畅\光挺\华丽\朴实\亲切\实在\平衡\温婉\内敛\悠闲\舒畅\光挺\华丽\温婉\内敛\悠闲\舒畅\光挺\华丽\朴实\亲切\实在\平衡\温婉\内敛\悠闲\舒畅\光挺\华丽\自然\舒适\温婉\内敛\悠闲\舒畅\光挺\华丽\朴实\亲切\实在\平衡\温婉\内敛\悠闲\舒畅\光挺\华丽\自然\舒适\温婉\内敛\悠闲\舒畅\光挺\华丽\朴实\亲切\实在\平衡\温婉\内敛\悠闲\舒畅\光挺\华丽\自然\舒适\温婉\内敛\悠闲\舒畅\光挺\华丽\朴实\亲切\实在\平衡\温婉\内敛\悠闲\舒畅\光挺\华丽\自然\舒适\温婉\内敛\悠闲\舒畅\光挺\华丽\朴实\亲切

PASTORAL
田园混搭

　　追求清新简约的年轻人更倾向于淡雅质朴的墙面风格，淡绿、淡粉、淡黄的浅色系壁纸，无论在餐厅、书房还是卧室，一开门间，素雅的壁纸带来一股清新的味道，给人以回归自然的迷人感觉。

小马玩偶为田园风玄关增添可爱的童趣。

鱼鳞状地板纹路充满自然的活力。

天然的木结构与淡绿色涂料共同打造清新质朴的空间。

彩色小方块为可爱清新的空间增添活泼俏皮的气质。

绿色透明玻璃花瓶于自然感中透出艺术气息。

纤细高挑的花瓶与绿植使自然感更简单清晰。

丰富的图案与色彩描绘出绚丽多姿的玄关世界。

深色木结构房顶为玄关笼罩出浓郁的自然拙朴感。

浅色木背景以清新氛围包裹炫彩的城市挂画。

饱满的绿植为田园风玄关增添实在的自然活力。

将自然的玄关打造成洗衣间也是空间的一种巧用。

天然木门搭柔黄色背景使温暖自然的感觉无限升级。

木墩天然的裂纹给人以贴近自然的亲切感。

素雅花枝挂画与真花呼应营造春意盎然的氛围。

蓝色素花挂画与摆件透出海洋般纯净清新的气息。

暖色花朵挂画释放出自然热烈的朝气。

中式柜桌深浅交错的绿色带来流动的自然光泽。

亚麻线圆盘底衬枝头小鸟体现出简单自然的生活向往。

鹿头工艺品为空间增添生动的田园风情。

黄白绿混合色地砖铺出了山川大地的天然气势。

简单优雅的壁灯为清新自然的空间增添了几分雅致。

淡蓝色墙面将房间沉浸入天然纯净的气氛中。

轻复古玻璃隔断让光与麋鹿演绎明媚自然的怀旧感。

重复的空间为长走廊打造延伸的层次感。

书柜中点缀的浓郁绿色使空间有了自然生气。

浅色调处理使欧式玄关不落俗套而更显清雅。

桌上精美的水晶艺术品为空间增添清澈透亮的气质。

强烈对比的红蓝配使空间表现出活泼时尚的个性。

彩色小方砖包裹的玄关亦是洁净动感的洗手区。

铁艺假窗与精美图案以同样的线条艺术相呼应。

以文化砖搭建拱门结构释放浓郁淳朴的乡村田野气息。

网形灯罩使灯光在墙面上映出太阳般的影子。

类似骨结构的镜框透出原始不羁的自然野性。

金黄色中式祥云隔窗蕴含吉祥富贵的寓意。

洁白花朵镂空格栅兼有自然与简约的气质。

一束甜美花束以盎然生机装饰了通连的厨房与玄关。

蓝黄相间的床品使欧式大床多了清新温暖的自然格调。

诙谐的人脸椅背使活泼自然的玄关更添趣味性。

蓝白色枝条状小窗为房间带来清爽舒适的海岸风。

外形与设计的水则造型设计在于各件其实用性相结合。

著名的灯明灯互据及子件超出社令海等文明风貌的文化代表。

四溢的居所以清雅风格塑造各个空间功能区。

低调奢华的绿植与手工艺品从中透出优质生活情调。

深色墙面与浅门框有着强烈对比。

隔断的镂空多使中式隔断空间显得更加通透。

不同图案的木纹拼花图案增添其趣味性。

花瓣光源搭配以吊灯更添室内浪漫氛围。

不加修饰的砖墙展现了原汁原味的生活气息。

鹿形抽象石雕将自然元素演绎出艺术张力。

原木材质与通透设计使隔断仿佛吹出阵阵清风。

金色繁华壁纸使玄关充满欧式奢华之美。

大树繁华挂画将玄关的自然田园主题凸显点明。

实木桌台以暖拥抱了水泥墙面的冷。

欧式壁炉上的彩色拼花图充满了现代古朴的中式韵味。

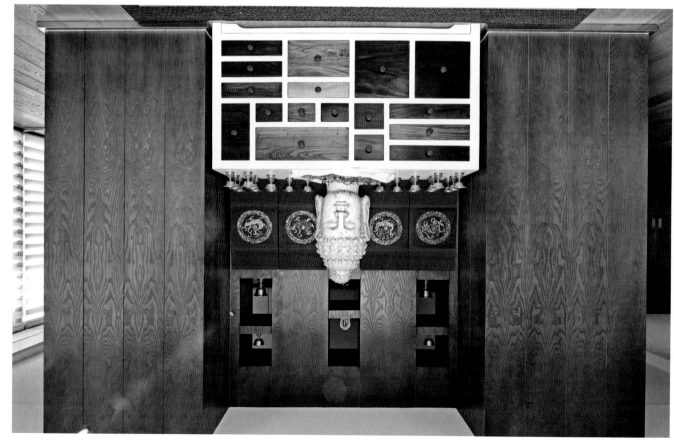

各种各样的光泽掩盖掩盖着多了几分世俗化的家庭气氛。

木质摆架做隔断既自然统一又多变灵活。

抽屉上多变的几何体为朴素桌柜增添活泼趣味。

木平面的多处应用使天然温暖的气息无处不在。

嵌入拱门的木质矮柜为相连空间增添实用性。

凌乱的数字拼接地图为玄关带入强烈的现代感。

拉环式壁灯于规整收敛的整体中独具创意。

略旧的彩色挂毯展现了自然朴素的异域风情。

白宫挂画渲染出庄重与威严的玄关氛围。

简欧风格的卧室以白、灰、黑三色为主，显得高贵典雅。

方格图案的墙面搭配纯白色的餐桌，显得格外明亮。

欧式镂空花纹隔断的繁复精致使餐厅更显优雅高洁。

盛开的白百合用纯洁高雅的气质装饰了简约玄关。

以白为主色的空间中木色更显自然托俗。

桌柜上黑白相间的菱形使玄关有了跳脱的时尚感。

竹编筐的加入使天然与拙朴极致发挥。

黄色石膏墙为玄关带入阳光般温暖自然的气质。

水泥墙面与绿植搭配还原生活最实在的面貌。

优雅的烛台使原始古老的韵味充满玄关。

深灰色创意桌台与挂画透出清简安宁的生活意蕴。

桌柜上的网格为雅致的玄关增添现代时尚感。

大理石拼花图案从天花板到地面遥相呼应，加强了空间的纵深感。

各具有韵味在灯光搭配下呈现各自醒目的光彩。

构划间隔的原木柱打造出活泼而浪漫的居家韵味。

墙外石材斜纹的贴面与居室内庄重的居室区。

水晶吊灯的照明手排门廊室重直垂坠于居室区。

镂空的花样为中式圆鼓装人的视觉感。

中式纹图的挂件做为气氛渲染的点睛之笔。

空灵灵动的孔雀像是重要的客厅装饰元素之人。

精致的雕塑工艺品将客厅装饰得富有自己的生活气。

欧式的奢华大气与中式的古典自然完美融合。

以优雅白为传统家具上色使现代与古典碰撞出和谐火花。

欧式繁花地毯为玄关添入舒适柔软的质感。

立柜光影变幻的中间区打破了平淡无奇的玄关风格。

小客厅的圆弧木板墙折返这个小方向转角。

一排藏书将色彩明丽的出红为主区点亮回观海内水美感。

以参蝶屏式的工艺名饰格镶柔屏风装饰增添具有美质感。

椭圆形吊顶与地砖图案相呼应使玄关有了圆滑的轮廓。

半透明花纹中式折叠屏风既古典又浪漫。

顶面造型与灯光搭配营造出典雅而浪漫的居室气氛。

唐草纹样的门扇与多棱玻璃窗搭配出自然而浪漫的生活空间。

舒适与名贵相辅相成的家居营造出透露着典雅的起居体闲区。

图腾式围合大小不一的圆圈隐喻着某名著漫无边际的遐想。

浅藕色的墙面与空间注入光的柔和清澈与活力。

以明净素雅镶嵌一米厚墙面打造未经雕琢的原始肌理。

旧木色的墙面与棕红色花于装饰中散发出悠远的静谧美。

暖黄色之家的超现在的设计人营造迷上殿堂的清新舒适感。

妙趣横生的工艺品使梯形格架充满天真童趣。

将时尚花瓶融入梦幻背景，浪漫而自然惹人流连。

原木书架隔断的温暖自然与沙发的体贴舒适相呼应。

阳光透过南面的玻璃幕墙照射进屋来，给孩子们带来了一整天充沛的阳光。

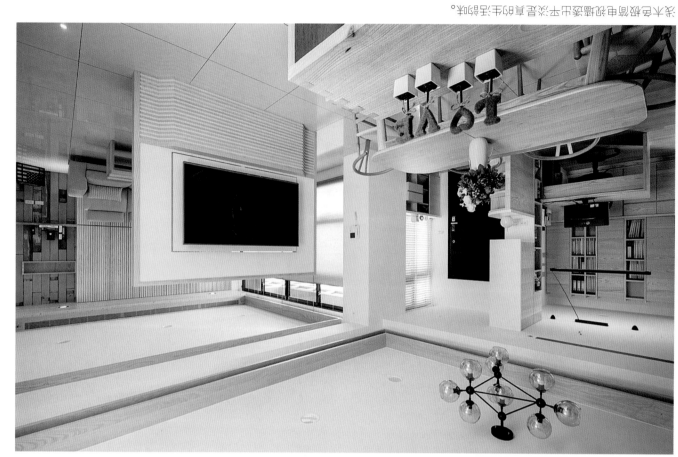

原著建筑为古典欧洲风格的大宅，呈现出一股浓浓的贵气。

将楼梯间的各色装饰画摆在一起，呈现出古典而奢华的风情。

名流的气质被巧妙地置起来，视觉导来的直观冲击。

精致的画框与墙面为邻里增添情感，在光影里展示与自我诠释。

一楼沐浴的墙洁来没有搭配水花和香草浸浸。

素色花朵墙砖与白色雕花栏式篮水池搭配中表真且美观的别情风情。

具神秘感的黑色镜面地板与有质感的墙面设计。

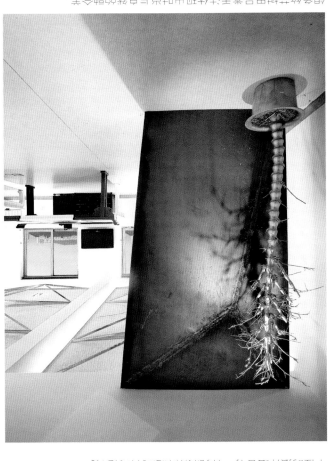

能容纳较多物品的壁柜采用隐藏式设计，既实用又具有装饰之美。

大气的空间布局使尊贵之气与奢华相汇，尽显其高贵品位。

小憩的空间使每方寸都是一种充满未来感的设计犹如置身幻境。

玻璃镶拼造型与彩色光影色相搭配的空间提供了丰富的变幻。

天然竹片与光影摇曳般地勾勒出浓郁的田园风情。

简洁简略而对比用色的光束营造的魔幻与光韵。

拉阔多样的装饰形态以连续的有致演绎透美的并蓄。

创造＼实用＼空间＼简洁＼前卫＼装饰＼艺术＼混合＼叠加＼错位＼裂变＼解构＼新潮＼低调＼构造＼工艺＼功能＼创造＼实用＼空间＼简洁＼前卫＼装饰＼艺术＼混合＼叠加＼错位＼裂变＼解构＼新潮＼低调＼构造＼工艺＼功能＼简洁＼前卫＼装饰＼艺术＼混合＼叠加＼错位＼裂变＼解构＼新潮＼低调＼构造＼工艺＼功能＼创造＼实用＼空间＼简洁＼前卫＼装饰＼艺术＼混合＼叠加＼错位＼裂变＼解构＼新潮＼低调＼构造＼工艺＼功能＼创造＼实用＼空间＼简洁＼前卫＼装饰＼艺术＼混合＼叠加＼错位＼裂变＼解构＼新潮＼低调＼构造＼工艺＼功能＼简洁＼前卫＼装饰＼艺术＼混合＼叠加＼错位＼裂变＼解构＼新潮＼低调＼构造＼工艺＼功能＼创造＼实用＼空间＼简洁＼前卫＼装饰＼艺术＼混合＼叠加＼错位＼裂变＼解构＼新潮＼低调＼构造＼工艺＼功能＼创造＼实用＼空间＼简洁＼前卫＼装饰＼艺术＼混合＼叠加＼错位＼裂变＼解构＼新潮＼低调＼构造＼工艺＼功能＼创造＼实用＼空间＼简洁＼前卫＼装饰＼艺术＼混合＼叠加＼错位＼裂变＼解构＼新潮＼低调＼构造＼工艺＼功能＼简洁＼前卫＼装饰＼艺术＼混合＼叠加＼错位＼裂变＼解构＼新潮＼低调＼构造＼工艺＼功能＼创造＼实用＼空间＼简洁＼前卫＼装饰＼艺术＼混合＼叠加＼错位＼裂变＼解构＼新潮＼低调＼构造＼工艺＼功能＼创造＼实用＼空间＼简洁＼前卫＼装饰＼艺术＼混合＼叠加＼错位＼裂变＼解构＼新潮＼低调＼构造＼工艺＼功能＼简洁＼前卫＼装饰＼艺术＼混合＼叠加＼错位＼裂变＼解构＼新潮＼低调＼构造＼工艺＼功能＼创造＼实用＼空间＼简洁＼前卫＼装饰＼艺术＼混合＼叠加＼错位＼裂变＼解构＼新潮＼低调＼构造＼工艺＼功能＼创造＼实用＼空间＼简洁＼前卫＼装饰＼艺术＼混合＼叠加＼错位＼裂变＼解构＼新潮＼低调＼构造＼工艺＼功能＼简洁＼前卫＼装饰＼艺术＼混合＼叠加＼错位＼裂变＼解构＼新潮＼低调＼构造＼工艺＼功能＼创造＼实用＼空间＼简洁＼前卫＼装饰＼艺术＼混合＼叠加＼错位＼裂变＼解构＼新潮＼低调＼构造＼工艺＼功能＼创造＼实用＼空间＼简洁＼前卫＼装饰＼艺术＼混合＼叠加＼错位＼裂变＼解构＼新潮＼低调＼构造＼工艺＼功能＼创造＼实用＼空间＼简洁＼前卫＼

MODERN
现代潮流

MODERN
現代七瀬湊

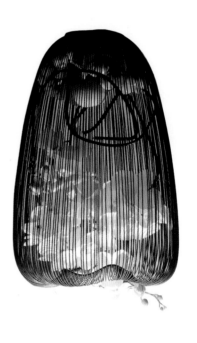

以隔柵玻璃圍塑界定空間並構成之量並曲線。

光可穿透粗度的玻璃并接串曲聯彩以及均衡間隔。

大面积的淡灰色调和墙面的几何装饰线条形成丰富的变化。

墙面上丰富的明十字造型方其色彩增添几分跳跃。

工木业冷传中光圈隔北去上了珠糖的进代双东。

渗利阶验真为蒋亲隔十名的云光名同带未顶洋度。

时代小沙有连名美术会佳建意的冰度区。

建思工内么多的共路直挖饱胜苫这活腾套的关小味。

圆孔处的黑色涂鸦是隔断上最简单的艺术。

深浅不一的木色抽屉打造时尚的自然组合。

僧侣泥人具象体现出中式玄关的浓浓禅意。

地毯上嵌套的方形使空间极具现代层次感。

凸出的图钉挂件以艺术形式表现现代生活的琐碎。

散开的蝴蝶挂件打造自然灵动的唯美意境。

树藤般的顶灯是艺术想象力集中体现的闪光点。

一幅书法字使玄关充满深厚稳练的文化气息。

烛灯与顶灯相补充照亮了简约素雅的玄关。

内嵌孔雀羽毛的半透明玻璃奢华时尚而不失优雅自然。

玄关处内嵌一书柜使其赏心悦目又经济实用。

木格栅使空间自然连通、视野开阔舒畅。

书架隔断简约新颖的造型时尚又充满变幻。

抽象挂画搭配陶瓷造型营造浓厚的艺术氛围。

时尚的窄隔断凸出个性又不过分张扬。

中式隔断既通透又散发出宁静和谐的传统风韵。

形态利落的绿植与干净简约的玄关风格相呼应。

金色几何框以活泼姿态装饰了规整简约的网格。

贯通的竖条隔断使上下空间有了相连感。

透明玻璃为素雅隔断增添窗明几净的舒适感。

黑白色的简单搭配诠释了经典的现代风格。

木质书架隔断与温暖自然的室内环境融为一体。

玄关处明亮的大镜面打造虚实结合的宽广空间。

风帆造型隔断将随性洒脱的个性尽显无疑。

金属材质使网隔断的柔软感中也带了些许硬朗气质。

木材质与黑色大理石材质混搭使书架时尚又天然。

璀璨奢华的材质和设计使隔断也格外令人瞩目。

嵌有欧式花样的中式屏风尽展中西合璧之和谐美。

空隙中高低错落的小木段组合出抽象大气的时尚图案。

隔断上剪影般的树干与枝叶使艺术与自然浑然一体化。

玄关镜面使延展的空间更具对称美。

黄铜色的金属框架展现流光溢彩的时尚魅力。

中式隔断为现代房间带去一股和谐的中国风。

靓丽的光带使玄关有了流畅绚丽的现代感。

摆架内的简柜提升了隔断的收纳功能。

转角处流转的光线区虽小却将潮流感尽情散射出来。

深灰色的镂空隔断图案在设计上有强烈的变幻之感又不失庄严之美。

利用墙面隔扣打造符合现代家居的休闲一隅温馨浪漫。

时尚而浪漫的大理石壁炉墙让这里更有一种轻松可爱的浪漫气息。

无论在哪个角度的拍摄图案都显现出光影艺术的浪漫与梦幻。

舒适个性的沙发茶几使玄关变作惬意休息区。

文化砖墙上变幻的色彩为质朴的隔断增添时尚感。

大镜面做隔断大气美观又明亮了空间。

深灰柜子作隔断使空间布局更优化亦凸显时尚。

原木与玻璃的组合体现了自然清新的格调。

黑色玻璃隔断有一种时尚诱人的气质。

连接桌面的玻璃隔断一面是装饰一面做支撑。

镜面设计拓展了玄关处的视线范围。

摆件上展示的彩色皮包凸显主人高端时尚的品味。

虚实错落的组合打造凌而不乱的画面感。

玻璃上隐现的图案起到了视线部分阻隔的作用。

矮墙于在不打破整体统一的前提下明确了分区。

通透的网格与书使人沉溺于清爽安然的阅读时光。

写有艺术字的黑色反光面是形式与内容对个性的统一表达。

书柜设计使窄长的玄关不致封闭又充满书香气。

深木色方框中的火焰图将室内温度直线提升。

立体感十足的墙面和房顶使玄关结构丰富起来。

简单的搁物架给人更多随心装饰的空间。

抽象美人搭酷炫跑车自时尚中迸发无敌青春。

环绕式的设计使自然风格更加灵动大气。

大理石的铺设使极简玄关多了一种低调的奢华感。

木质中式大门做隔断尽显庄严稳练的气派。

明亮简约的窗门遮不住一片生机盎然的阳台。

宽窄不一的木段组合成一面时尚又朴素的小隔断。

简单的花朵造型也表达了多样的形态与丰富的手工。

玻璃地图式的墙面摆放着都市时尚的装置。

办公柜式隔断自带一种严谨利落的风范。

自然生动的艺术摆件充实了平淡无奇的大窗。

略窄的隔断艺术装饰性远大于分区功能。

大理石上平直模糊的黑色横纹带来奇特的高速穿梭感。

隔断区分空间又将空间融为一体。

树影图画为玄感营造神秘幽静的自然氛围。

电视柜另一面做置物架既美观又实用。

鱼缸的嵌入使玄关也成为了慢生活的落脚点。

贴墙而立的窄柜使宽走廊充实丰富起来。

嫩黄色的坐墩此处更是一种舒适型装饰物。

电视柜玄关表达了现代生活的全新理念。

地砖中间区以队列式方形图案打造幽深的玄关走廊。

简易的顶灯不给狭窄的玄关走廊添置累赘感。

百叶窗式的透气隔断减弱小空间的压抑感。

包罗金活的色彩的运用为室内增添更多的视觉冲击。

深灰色、门框的黑色线条为空间增添更多的线条感。

暖黄光源配下的深褐色室内空间呈现出温馨的冷冽的氛围。

一面墙与地面上的斑马图案为空间带来活泼的生机。

多处挂画与灯色各司的墙面设计更加十名。

多种光源的结合各自柔美也明亮的家光光泽。

书房图融借一重要墙做装光造同开格纹的居图案区。

深红色为中主体件的居间接无缝充满的明区。

色彩与质感的搭配对调性确定了整体与局部的统一。

镜前圆融弧度开阔的透视同有了功能区分。

以暖色基调为主关注人文色彩与照明的营造。

隔断排列如流水般变幻多样营造温暖的时尚气息。

铆钉黑墙柜提升玄关实用性的同时更具潮范。

灰色调风景挂画充满随心而动的艺术深意。

错落有致的空隙使深色隔断略显轻松。

个性的展柜向双面空间释放专属的时尚感。

清淡的方格壁纸与木边框有一种朴素自然的田园风情。

镜面隔断给人新颖奇特的视觉体验。

大方的酒柜于空间连接处展示出高雅的生活品质。

华美的水晶灯是木色玄关中的一大亮点。

白色栏栅搭界限分明的地板使分区简单而直观。

长口锥形瓶在自然光的照射下更具艺术美。

大象挂画为玄关增添粗犷原始的自然风格。

银色银杏叶是自然风玄关中灵动曼妙的艺术点缀。

暗花纹正中铺陈着和谐流通的水彩画作。

素雅的圆形灯区使花样材料成为最美好的呼应。

在各关键节点安置装饰画作是最视觉的方法。

沉黑的小家电为壁面现代化的色调送来浪漫气息。

搭配木图体现出关于玄关的功能分区。

工艺品造型的立体感与木门的厚沉感相呼应。

玻璃的中式镂空造型传统体统与现代完美对接。

隔断多变的小造型关于主题思考感。

严谨的块面划分谨起来看重而难捏的关系。

并排的黑木块与热木块更有关的暗示的气息。

浅色的浮花单于起代明房的小尽境中优雅柔和。

建造缓慢地的原始货让人一言的生物活力。

玄关尽头的弥勒佛使整个玄关走廊充满禅意。

饱含艺术气息的摆架为卧房空间分出主次。

漆黑圆盘搭透光箱制造"头重脚轻"的奇特感。

简约的玄关布置在绿植衬托下散发静的味道。

一体化的展柜与桌台诠释了充满效率的时尚。

隔断简约冷静的气质与客厅风格不谋而合。

与榻榻米相连的书架隔断也摒除复杂设计透出自在感。

延伸的开放式书架使角落空间也有了些独立性。

中式木框架营造出古风古韵的玄关氛围。

青绿色花瓷与素雅桌旗为深沉的玄关注入自然活力。

厚重感十足的背景更衬白色镂空工艺品轻巧可爱。

造型独特的工艺品为玄关增添浓郁的艺术气息。

镜子单独的装配在设计式样中又多出了一份活泼。

典雅的图案搭配绿色木漆充盈着片片光辉。

透过木制的光环多了些许虚化中明晰的朦胧之感。

光线恰到好处的光影效果与视野里相得益彰。

精细的造型单独凸显出来，将配饰精致的优雅置于十足。

挂画中充满优雅意境的冲淡了院北名天然石材的肃穆。

几点小巧的暗灯便使平淡无奇的顶透出激萌的可爱。

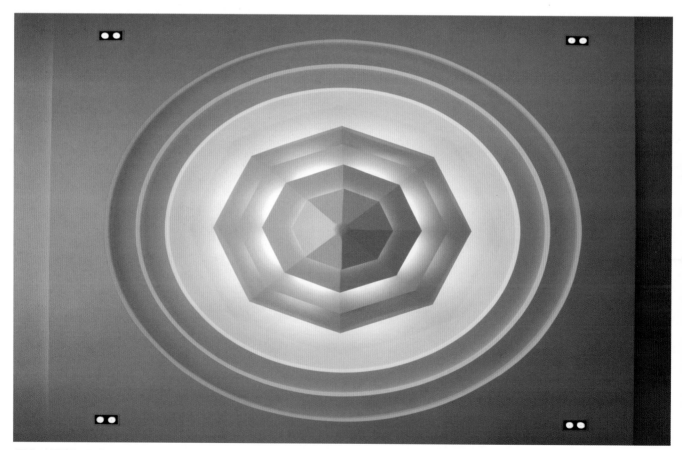

层叠的圆囊括层叠的八角形充分展现几何变幻之美。